AF313215

RAPPORT

A M. LE PRÉFET,

POUR LUI RENDRE COMPTE DES TRAVAUX DE LA COMMISSION INS-
TITUÉE PAR L'ARRÊTÉ DU 17 MAI 1853, POUR ÉTUDIER
LES MOYENS DE COMBATTRE ET DE DÉTRUIRE
L'ALUCITE DANS LE DÉPARTEMENT,

Par M. DE BENGY-PUYVALLÉE,

Président de cette Commission,

ET PRÉSIDENT DE LA SOCIÉTÉ D'AGRICULTURE.

MONSIEUR LE PRÉFET,

La Commission que vous aviez instituée par votre arrêté
du 17 janvier dernier pour étudier les moyens de combattre
l'alucite, a compris toute la mission que vous lui avez
confiée ; composée d'hommes remarquables autant par leur
zèle pour les intérêts du pays que par leurs connaissances
spéciales, les uns agronomes instruits, les autres ingénieurs
savants ou praticiens déjà experts dans la question de l'a-
lucite, tous, se sont fait un devoir d'attaquer avec ardeur
et selon vos intentions le fléau qui pèse depuis si longtemps
sur le département. Ils n'ont rien négligé pour entrer dans

1.

les vues manifestées par votre arrété qui les charge d'examiner les appareils de destruction de cet insecte, d'apprécier leur efficacité par diverses expériences ; de vérifier ces expériences, d'en constater d'une manière précise les résultats ; enfin, de déterminer l'évaluation de la dépense que nécessitera l'emploi des moyens dont l'application aura été reconnue la plus avantageuse.

La Commission croit avoir rempli le but que vous vous êtes proposé en l'instituant. Elle a pensé qu'un compte-rendu de ses séances et du résultat de ses travaux vous ferait connaître suffisamment comment elle a compris le mandat que vous lui avez donné. Je me suis chargé, Monsieur le Préfet, de ce rapport qui vous présentera l'ensemble de ces travaux. Si vous désirez en apprécier toutes les circonstances, les procès-verbaux des séances de la Commission seront joints au rapport que j'ai l'honneur de vous faire ; vous pourrez les consulter pour y trouver des détails dans lesquels je ne pouvais entrer.

Mais, avant de commencer ce travail, je regarde comme un devoir de vous parler du savant collaborateur qui a été donné à la Commission par M. le Ministre de l'agriculture et du commerce. Je veux parler de M. Doyère, ancien professeur à l'Institut agronomique de Versailles, qui est venu joindre sa science, son activité et son expérience au zèle de MM. les Membres de la Commission ; zèle qui, il faut le dire, parce que c'est la vérité, n'aurait pas probablement abouti à des résultats de la nature de ceux obtenus, sans le concours habile et dévoué de cet honorable professeur qui a dirigé tous les travaux et qui les a amenés à cette heureuse fin qui nous donne la confiance d'avoir réussi dans le but que nous cherchions à atteindre et qui était depuis long-temps l'objet de la sollicitude et des expériences des hommes les plus instruits dans toutes les questions qui touchent aux intérêts de l'agriculture.

Ce but, je vous le répète, Monsieur le Préfet, la Commission croit qu'il a été atteint, et s'il l'est, comme vous pourrez en juger par les faits dont il vous sera rendu compte dans ce rapport, il faudra reconnaitre qu'un service immense aura été rendu au centre de la France. Car, vous verrez dans un travail remarquable fait par M. Fabre, Membre de la Commission, travail qui sera joint aux procès-verbaux des séances, qu'on ne peut pas évaluer à moins de 60 *millions* les pertes occasionnées jusqu'à ce jour dans le département par les ravages de cet insecte destructeur.

Cela explique, Monsieur le Préfet, les plaintes réitérées des propriétaires et des cultivateurs sur le tort incalculable que leur faisait l'alucite. Plusieurs fois la Société d'Agriculture a adressé des demandes à l'autorité, qui avaient pour objet d'éveiller l'attention du Gouvernement sur ce fléau ; ces plaintes avaient été sans résultat, lorsque le vœu émis par cette Société, sur la proposition de M. Jarre, son vice-président et président du Comice agricole de Baugy, a ému votre sollicitude pour les intérêts du département dont l'administration vous est confiée ; vous avez compris toute la gravité du mal, vous l'avez fait connaitre au Gouvernement, vous lui avez demandé des secours pour travailler à le combattre ; enfin, vous avez nommé une Commission à laquelle vous avez confié l'étude de cette importante question. C'est dans cet état de choses que les hommes qui ont reçu de vous cette mission, assistés de M. Doyère, ont commencé les travaux auxquels ils devaient se livrer et dont je suis chargé de vous donner connaissance.

Je vous rendrai compte d'abord des séances de la Commission et des circonstances qui en ont été la suite. Mais je dois avant vous rappeler les essais qui ont été faits il y a trois ans par M. Doyère et par M. Jarre, au château de Soupise, propriété de ce dernier, pour la destruction de l'alucite. Il convient que vous sachiez avec quel zèle M. Jarre

s'est prêté à seconder le savant professeur dans les recherches et les expériences auxquelles il n'aurait pu se livrer
sans le concours et l'obligeance active de ce propriétaire
honorable et zélé pour les intérêts de l'agriculture.

Séance du 7 février.

La Commission s'est réunie pour la première fois le 7 février dernier. C'est dans cette séance qu'elle s'est constituée
en vertu de votre arrêté du 17 janvier précédent. M. Doyère
assistait à cette séance ainsi qu'à presque toutes celles qui
ont eu lieu depuis.

La Commission s'est d'abord occupée de fixer par un
devis approximatif la dépense à laquelle pourraient s'élever
les frais à faire à l'occasion des expériences auxquelles elle
serait obligée de se livrer. Cette évaluation a été portée à
2,500 fr. et elle a chargé son Président de vous transmettre
cette demande.

Sur les observations de M. Doyère la Commission a reconnu la nécessité de s'occuper d'un travail statistique sur
les pertes résultant des dégâts faits dans le département par
l'alucite. M. Fabre, Membre de la Commission, qui s'est
livré depuis plus de 20 ans à des recherches nombreuses
sur cette question et qui a souvent soumis à la Société d'A-
griculture, dont il était Membre, le résultat de ces recherches, a bien voulu se charger de ce travail et il s'est engagé
à le présenter à la Société dans une des prochaines séances.

La Commission a arrêté ensuite qu'une exploration serait faite dans la propriété de M. Jarre, à Soupise, à 15 kilomètres de Bourges, pour y voir, y examiner et apprécier un
appareil de chauffage en activité, construit en 1850 par les
soins et sous la direction de M. Doyère, afin de le prendre

pour modèle de celui qui doit être construit à Bourges ,
sauf les modifications et augmentations qui seront jugées
nécessaires.

Séance du 26 février.

Dans cette séance, MM. les Membres de la Commission
qui se sont rendus à Soupise, le 13 de ce mois, rendent
compte par l'organe de M. Jarre, secrétaire, de leur visite
en ce lieu pour y examiner l'appareil de chauffage qui y est
mis en pratique depuis 1850. Ils déclarent qu'ils ont été sa-
tisfaits de l'exécution du travail de cet appareil qui a fonc-
tionné devant eux.

M. Bourdaloue, Membre de la Commission, et M. Doyère,
qui ont bien voulu se charger de la direction et de la surveillance des travaux relatifs à la construction de l'appareil
de chauffage, annoncent qu'ils se sont occupés depuis leur
visite à Soupise des préparatifs de l'appareil perfectionné à
établir à Bourges dans un local que M. le Président a obtenu
de M. le Maire de cette ville ; ils ajoutent que ce qui retarde
les travaux c'est la difficulté d'obtenir des forges les pièces
de fonte nécessaires au calorifère.

M. Doyère fait connaitre les avantages de l'appareil qui
va être construit, qui, en outre qu'il détruira l'alucite dans
le grain sans nuire à sa nature, fera subir au blé une dessication qui permettra de le conserver indéfiniment, avantage
précieux qui donnera les moyens de s'occuper de l'ensilage
des grains, ce qui est une grande question pour le Gouvernement et pour le pays.

La Commission discute les différents moyens indiqués
pour préserver les grains des ravages de l'alucite. Le choc

présente le plus grand intérêt, parce qu'il expose toutes les phases qui se sont rencontrées dans l'apparition et le séjour de l'alucite dans le département, sera joint aux procès-verbaux des séances et imprimé avec eux si l'impression de ces procès-verbaux a lieu.

Tous les Membres de la Commission présents à la séance se transportent ensuite à la place Berry, dans le local que M. le Maire de Bourges a mis à la disposition de la Commission pour les expériences du *tue-teigne* et du chauffage du blé.

On procède immédiatement à la manœuvre du *tue-teigne* avec du blé alucité qui a été acheté exprès pour cette opération. Après quelques essais, M. Doyère, qui préside aux expériences qui doivent être faites, règle la marche de l'opération qui a lieu d'une manière satisfaisante, en présence des Membres de la Commission et d'un grand nombre de personnes curieuses de voir manœuvrer l'instrument. La Commission, de l'avis de M. Doyère, après s'être assurée que les insectes trouvés dans les grains qui avaient été soumis au choc avaient perdu la vie, arrête que des échantillons de blé passé et non passé seront mis à part et soumis à l'influence de la température propre à faire éclore le papillon. M. le Président et M. Doyère prennent des échantillons de ces différentes sortes de blé, avec l'intention d'employer les moyens nécessaires pour faire éclore le papillon.

Avant de se séparer, la Commission fixe au lundi 18 avril l'essai qui sera fait à la ferme-école d'Aubussay de la machine portative à battre de M. Lotz.

Expériences de la Sous-Commission, à Aubussay, le 18 avril.

Conformément à la décision prise par la Commission, le 16 avril, la Sous-Commission chargée de faire l'essai de la machine à battre de M. Lotz s'est transportée à Aubussay le 18 avril. Elle était assistée de M. Doyère. Elle a été reçue par M. Poisson, directeur de la ferme-école, et a trouvé sur les lieux M. Lotz, l'inventeur de la machine. Elle a procédé avec du blé alucité de la dernière récolte acheté par les soins de M. Poisson.

La première expérience a eu lieu sur cinquante gerbes de ce blé, pesant en moyenne 12 kilog. 1/2 la gerbe. Elles ont passé en 43 tours du manége et en 23 minutes de temps; cela représente 1,625 gerbes de 10 kilog. par journée de 10 heures ; le batteur faisait 400 tours pour un du manége, et ayant 50 centimètres de diamètre, ce qui donne 853 tours par minute et 1,340 mètres de vitesse à la circonfé-rence.

Le grain ayant été examiné, on y a trouvé des chenilles vivantes, quoiqu'on n'en pût pas conclure absolument qu'elles survivraient. La Commission a pensé qu'il fallait faire deux nouvelles expériences, l'une avec une vitesse supérieure, l'autre avec une vitesse à peu près la même, mais avec un engrenage plus faible.

La deuxième expérience a été faite avec une vitesse plus grande obtenue par une roue de manége que M. Lotz avait faite exprès pour cette expérience, et qui porte 72 dents au lieu de 53 que porte la première. Le nombre des tours du batteur, pour un du manége, s'est trouvé porté à 544 ; mais le travail des chevaux était devenu énorme, il en eût fallu quatre au lieu de deux. Ce travail donnait en moyenne 1,160 tours du batteur par minute et 1855 mètres de vitesse à la circonférence. La machine a résisté à cette vitesse et n'a éprouvé aucun ébranlement ; mais reste à savoir si un pareil travail pouvait se continuer sans rupture. Les grains alucités étaient brisés ; ceux qui ont été ouverts contenaient des chenilles mortes.

Enfin, une troisième expérience a eu lieu ; la première

roue du manége a été replacée , il n'a été donné aux chevaux qu'un travail modéré, de manière que la paille n'a pu garantir le grain du choc des cylindres ; le nombre des tours du manége a été de 64 ; la vitesse a été de 984 tours par minute et 1,545 mètres à la circonférence ; les deux chevaux faisant mouvoir le manége n'ont point paru fatigués. Les grains qui ont été ouverts n'ont présenté que des chenilles mortes.

Les grains que chaque expérience a fournis ont été recueillis par les soins de M. Poisson. M. Doyère en a pris des échantillons.

Séance du 30 avril.

Un premier rapport est fait sur la machine à battre de M. Lotz, qui est considérée comme pouvant être appelée à rendre des services au pays. En vue de conserver la paille, on demande que les lames du cylindre soient arrondies. M. le Président écrira à M. Lotz, pour lui faire cette demande et pour lui proposer de laisser sa machine à Bourges jusqu'à la prochaine récolte.

La Commission s'occupe de quelques-unes des expériences qu'elle se propose de faire ultérieurement, et notamment de celle du chauffage du blé alucité, qui est fixée au 9 mai prochain.

Séance du 9 mai.

M. le Préfet est présent à cette séance; il annonce à la Commission que le Ministre l'a prévenu qu'il avait ordonnancé , en faveur de la Commission , une somme de 1,000 f.

qui , jointe à celle de 600 fr. déjà accordée , porte à 1,600 f. le crédit qui lui a été alloué jusqu'à ce jour.

M le Président donne communication à la Commission de la minute d'une lettre qu'il a écrite à M. Lotz , pour lui demander , d'une part , s'il consentirait à ce qu'on fît arrondir les lames du batteur du cylindre de la machine , pour éviter que la paille ne soit broyée par l'opération du battage, et d'autre part , pour savoir s'il consentirait à laisser sa machine en dépôt à Bourges jusqu'après la récolte prochaine.

Dans sa réponse du 6 mai , M. Lotz consent à l'une et l'autre demande.

La Commission , assistée de M. Doyère , présent à la séance , discute de nouveau les avantages et les inconvénients que présente la machine de M. Lotz. Il résulte du rapport fait par MM. les membres de la Commission présents aux expériences faites sur cette machine, que le seul reproche grave à lui faire c'est de nuire à la paille d'une manière notable et de la mettre dans un état de trituration qui la rendrait peu utile aux cultivateurs , suivant l'usage qui en est fait dans le pays. Toutefois, il faut remarquer que les gerbes sur lesquelles les opérations ont été faites étaient en paille desséchée et déjà altérée par un long séjour dans les gerbiers et par la fermentation occasionnée par le papillon. C'est pour cela qu'il y a nécessité de faire usage de la machine avec des blés de la récolte prochaine , peu de temps après la moisson.

La Commission arrête que ce jour même, à 3 heures , elle se transportera au lieu où se trouve l'appareil de chauffage; M. le Préfet annonce qu'il se réunira à la Commission pour assister aux expériences qui seront faites.

A l'heure indiquée l'opération commence, et, malgré que l'étuve nouvellement construite en brique contint encore de l'humidité, malgré que le tirage de la cheminée laisse beaucoup à désirer, le résultat a été satisfaisant. L'expérience n'a pas été faite d'une manière continue ; il y a eu nécessité de mettre des intermittences dans le travail, mais on a acquis la certitude que, quand l'étuve sera sèche, la chaleur sera plus fixe dans son intensité et qu'on arrivera à une simple variation de 3 à 4 degrés centigrades.

La Commission a constaté à plusieurs reprises qu'il fallait trois minutes pour passer un double décalitre de blé. Enfin le blé chauffé a varié de 58 à 61 degrés centigrades, et de 55 à 66 degrés. Le blé chauffé a été recueilli avec soin pour être soumis aux opérations de panification et de germination.

M. Turquet, propriétaire d'un champ, près Bourges, a consenti à ce qu'on sème du blé passé à la chaleur, dans son champ. A côté de ce blé, il en sera semé qui n'a point été chauffé, afin de faire la comparaison (s'il y avait lieu) entre les deux sortes de grains.

Deux hectolitres de blé chauffé seront mis en farine, ainsi qu'un hectolitre de blé non chauffé, par les soins de M. Jarre, secrétaire de la Commission ; la farine qui en proviendra sera convertie en pain dont la qualité sera comparée. Les opérations de la mouture, du bluttage et de la panification seront faites avec soin, afin de s'assurer des différences, s'il en existe, dans le produit de ces farines.

***

Séance du 4 juin.

M. Doyère est absent.

M. le Président fait part à la Commission de sa correspondance avec M. Doyère, depuis la dernière séance. Cette correspondance a pour objet les préparatifs de la panification du blé chauffé et du blé normal pour arriver à une comparaison appréciable du produit de ces deux blés.

La Commission arrête que les expériences de boulangerie auront lieu le 18 de ce mois, et elle fixe à ce jour sa prochaine réunion.

M. Peneau, membre de la Commission, consent à assister aux opérations de boulangerie, qui auront lieu chez M. Tulard, boulanger, rue Cour-Sarlon, à Bourges, et à en faire son rapport à la Commission.

M. Doyère ayant manifesté le désir d'être présent à ces expériences, M. le Président se charge de lui donner avis du jour et de l'heure où elles auront lieu.

Quelques membres proposent de s'occuper du rapport à faire des travaux de la Commission depuis son institution, et de la nomination d'un rapporteur. M. le Président déclare qu'il croit devoir se charger de cette mission.

Séance du 18 *juin*.

M. Doyère assiste à la séance.

A l'ouverture de la séance, M. le Président présente à la Commission trois verres dont deux contiennent du blé soumis au choc dans l'instrument nommé *tue-teigne*, le 16 avril dernier ; un autre verre contient du blé normal, c'est-à-dire qui n'a pas été passé dans le *tue-teigne*. Dans les deux premiers verres il n'existe aucun papillon, tandis que le troisième en présente une quantité remarquable. Ces insectes prennent leur vol aussitôt que le verre est découvert. Ces verres avaient été mis depuis le 16 avril sur la cheminée du cabinet de M. le Président, où ils sont restés jusqu'à ce jour ; et c'est la chaleur atmosphérique qui a fait éclore les papillons.

M. Doyère rend compte à la Société d'une expérience semblable faite par ses soins. Il présente à la Commission trois bocaux : le premier contenant du blé passé au *tue-teigne* et pris dans celui projeté le plus loin par la machine ; le deuxième, contenant du blé pris dans celui jeté moins loin ; enfin, le troisième contenant du blé normal, c'est-à-dire non passé au *tue-teigne*. La Commission, après un examen consciencieux du contenu de ces trois bocaux, s'assure qu'il ne se trouve aucun papillon dans les deux premiers, mais qu'il n'en est pas de même du troisième, dans lequel on aperçoit une quantité considérable de papillons qui ont éclos par suite du développement de la chaleur atmosphérique. Ces deux expériences ne laissent plus de doute sur les effets du *tue-teigne*.

Il est ensuite rendu compte par MM. Peneau et Doyère de la panification de la farine provenant du blé chauffé et du blé non chauffé. Cette opération faite par le sieur Tulard, boulanger à Bourges, sous les yeux de ces deux Messieurs, a produit deux espèces de pain d'une qualité reconnue parfaite par les Membres de la Commission. Aucune différence sensible n'a été remarquée entre les pains provenant des deux sortes de grains.

La Commission a pensé qu'il serait à propos de rendre public le résultat de cette expérience et d'en faire part à M. le Préfet et à M. Bosq, sous-intendant militaire et Membre de la Commission, absent.

Une note est mise sous les yeux de la Commission, ayant pour objet de lui faire connaître l'essai qui a été fait, quant à la germination du blé chauffé entre 60 et 66 degrés centigrades. Il résulte de cette note qu'un décalitre de blé normal et un décalitre de blé chauffé ont été semés le

26 mai dernier dans un champ près Bourges, appartenant à M. Turquet, et que le 18 du même mois ces deux sortes de grains avaient parfaitement levé. Plusieurs Membres de la Commission annoncent l'intention de se transporter sur les lieux pour voir par eux-mêmes l'état de germination du blé chauffé comparativement avec l'autre. M. le Président rend compte à la Commission d'un essai semblable qu'il a fait chez lui et qui a eu le même résultat ; le blé chauffé à la chaleur de 61 degrés a parfaitement levé. Ces expériences se trouvent d'accord avec celles faites antérieurement par M. Jarre à Soupise.

Sur la proposition de M. le Président, la Commission s'occupe du rapport à faire de ses travaux. Une discussion a lieu sur la marche à suivre dans la rédaction de ce travail ; M. le Président qui s'en est chargé soumet à la Commission ses idées sur l'ensemble du rapport. Elles sont adoptées. M. le Président donnera lecture du rapport à la Commission à sa prochaine réunion qui est fixée au 2 juillet prochain.

La Commission arrête ensuite les propositions qu'elle croit qu'il est de son devoir de faire au gouvernement, propositions qu'elle regarde comme la conséquence obligée des expériences auxquelles elle s'est livrée et des résultats heureux qu'elle a obtenus pour la destruction de l'alucite. Elle arrête que ces propositions seront formulées à la fin du rapport fait par M. le Président à M. le Préfet, qui sera prié de les prendre en grande considération.

Maintenant, Monsieur le Préfet, il convient que je mette sous vos yeux, en les résumant autant que possible, les faits sur lesquels la Commission appuie la conviction dans laquelle elle est qu'un succès complet a été obtenu pour la destruction de l'alucite dans le grain. Permettez-moi d'entrer, à cet égard, dans quelques détails.

Ainsi que l'a dit l'honorable M. Doyère, dans l'ouvrage remarquable qu'il a fait paraître sur l'alucite des céréales, trois moyens paraissent assurés pour détruire l'insecte: ce sont la chaleur, le choc mécanique et l'ensilage.

Quant à l'ensilage, la Commission devait renoncer à faire des expériences sur ce moyen de destruction. Aucune ressource, à cet égard, n'était à sa disposition. Elle a donc dû borner ses investigations sur les deux autres moyens.

Quant au choc, la machine inventée par M. Doyère, et qu'il a nommée *tue-teigne*, devait fixer l'attention de la Commission. Elle a été expérimentée en sa présence et devant un concours nombreux d'agriculteurs. Il est résulté des expériences auxquelles cet instrument a donné lieu, que la Commission a acquis la conviction que le choc violent et réitéré qu'éprouve le blé dans la machine, tue l'insecte d'une manière non douteuse ; que cet instrument présente en outre l'avantage de nettoyer le blé en séparant chaque qualité par la projection du grain hors du cylindre.

Il présente encore d'autres avantages : c'est d'être facile à transporter d'un lieu à un autre, ne dépassant pas une pesanteur de 150 à 170 kilogrammes ; c'est de pouvoir être placé partout, dans les greniers comme sur l'aire d'une grange ; c'est enfin d'être, quant au prix, à la portée à peu près de tous les cultivateurs, ne devant pas coûter plus de 200 francs.

Avec cet instrument, les propriétaires et les cultivateurs peuvent, aussitôt après le battage de leurs grains, soumettre à la manœuvre du *tue-teigne* le blé alucité qu'ils ont récolté et garder ensuite ce blé aussi longtemps qu'ils le désireront, sans avoir à redouter qu'il s'altère dans leurs greniers par le fait de l'alucite.

La Commission a vu avec regret que les expériences faites avec la machine à battre de M. Lotz n'ont pas donné des résultats entièrement satisfaisants. Elle ne doute pas que le battage des grains par des machines à grande vitesse n'attaque violemment l'alucite, mais elle n'a pas la certitude qu'elle la détruise complètement.

Quant au procédé du chauffage, la Commission a acquis la conviction, que soumis à l'appareil monté à Bourges sous la direction de M. Doyère, le grain qui a passé dans cet appareil et qui a subi une température de 60 à 66 degrés centigrades, s'est trouvé dans des conditions qui rendent cette opération avantageuse à l'agriculture.

D'abord, l'insecte est tué sans nul doute par le fait de l'opération, et la Commission en a eu la preuve. Ensuite le grain sort de l'appareil dans un état de siccité qui doit le rendre propre à être conservé. Cet état permettrait de le mettre en silos dans le cas où le gouvernement ou le commerce voudraient faire des approvisionements de blé.

La Commission a encore acquis la certitude par les expériences qu'elle a faites, que le blé chauffé à 60 et 66 degrés centigrades était susceptible de germer comme le blé non chauffé, ce qui est fort important pour l'agriculture.

Enfin, elle s'est assurée d'une manière non moins certaine, que le blé chauffé de 61 à 66 degrés centigrades était pour la boulangerie d'une manipulation aussi facile que le blé non chauffé ; que le gluten du blé chauffé n'était nullement altéré par la chaleur aux degrés indiqués, et que le pain provenant du blé soumis à cette chaleur était d'une qualité semblable à celle du pain provenant de blé non chauffé.

Je désire, Monsieur le Préfet, que les faits que je viens de vous exposer vous donnent, comme à la Commission, la douce confiance qu'elle a rempli le but que vous vous étiez proposé en l'instituant.

En résumé, deux moyens sont présentés à nos concitoyens pour détruire l'alucite dans le grain : le choc et le chauffage.

Le choc est d'une exécution facile, sûre et peu coûteuse ; le chauffage est d'une exécution aussi sûre, mais plus coûteuse à cause de la dépense de construction de l'appareil et du combustible ; mais les effets de ce procédé sont plus étendus en ce qu'il enlève au blé toute l'humidité qui pourrait lui nuire, et qu'il met le grain en état d'être conservé en silos comme dans les greniers.

Maintenant qu'aux yeux de la Commission la destruction de l'alucite dans le grain n'est plus douteuse, une autre question se présente, question de la plus haute importance, c'est de trouver les moyens d'attaquer l'insecte dans sa propagation dans les champs. La Commission se reconnaît impuissante pour agir activement contre les difficultés que présente ce fait qui ne peut être traité que comme mesure d'utilité publique et d'intérêt général.

Ce qu'il faudrait pour arriver à détruire l'insecte avant qu'il envahisse le grain, ce serait, nous le répétons, qu'on lui ôtât la possibilité de se propager dans les champs, avant la récolte des blés, et pour cela, il faudrait que la grande et la petite culture concourussent à cet œuvre. La chose est extrêmement difficile et ne pourra jamais être obtenue sans le secours et l'autorité du Gouvernement.

Aujourd'hui, la Commission se borne à présenter à l'autorité les vœux qu'elle a formulés en terminant ses travaux. Elle vous en remet l'appréciation, Monsieur le Préfet, et ne doute point que vous ne les étudiiez avec le soin que mérite un sujet aussi important pour votre département.

Voici les vœux que forme la Commission :

1°. Elle demande que les procès-verbaux de ses séances, le mémoire statistique de M. Fabre sur l'alucite et le présent rapport soient imprimés ;

2°. Qu'un exemplaire de l'instrument appelé *tue-teigne*, soit (aux frais du Gouvernement) adressé à chaque chef-lieu de canton pour être mis à la disposition de tous les petits propriétaires du canton , sous la direction et la surveillance d'une commission cantonale nommée à cet effet ; que des mesures coercitives soient prises pour contraindre tous les cultivateurs à soumettre les grains destinés aux semences et à la nourriture de l'homme aux opérations du *tue-teigne* et du chauffage, et à ne garder aucun blé qui n'ait subi ces opérations passé le 1er mars , ou à leur choix, convertir leurs grains en farine avant ladite époque du 1er mars ;

3°. Que le Gouvernement accorde également les fonds nécessaires pour faire construire dans quelques villes du département des appareils de chauffage semblables à celui qui a été établi à Bourges par les soins de la Commission, sous la direction de M. Doyère ;

4°. Que M. le Préfet veuille bien adresser avec son appui , à M. le Ministre de l'intérieur et de l'agriculture , le rapport des travaux de la Commission et les vœux qu'elle a émis comme complément de ces mêmes travaux ;

5°. Que M. le Préfet veuille bien agir avec le même intérêt , auprès du Conseil général , pour lui demander son concours.

DÉPARTEMENT DU CHER.

Rapports des ravages de l'alucite avec les quantités de grains récoltés dans les années 1849, 50, 51, 52,

D'après les renseignements reçus à la Préfecture,

Et dépouillés par M. FABRE, Membre honoraire de la Société d'Agriculture du Cher et Membre de la Commission instituée pour combattre les ravages de l'alucite.

Observation générale pour les trois arrondissements. — Les colonnes qui ne sont pas remplies indiquent que les renseignements n'ont pas été fournis. Celles qui présentent des 0 indiquent l'absence du papillon. L'abréviation att. (attaqué) indique que les renseignements numériques n'ont pu être donnés, attendu qu'on exigeait les réponses pour le 15 septembre de chaque année et qu'à cette époque les battaisons ne sont pas ordinairement commencées, et qu'on n'a pu connaître l'existence du papillon qu'à la rentrée et à l'entassement des gerbes. Ce n'est qu'aux lancées et dans les greniers qu'on peut avoir un rapport approximatif des grains gâtés aux grains sains.

Arrondissement de Bourges.

COMMUNES.	1849.	1850.	1851.	1852.	COMMUNES.	1849.	1850.	1851.	1852.
Les Aix.	1/20e.	att.	att.	1/10e.	Saint-Georges.	1/6e.	1/10e.	0	1/3
Aubinges.		1/5e.	1/10e.	0	Saint-Outrille.	0	0	0	0
Brécy.		att.	1/5e.	0	Levet.	1/2	att.	1/6e.	0
Morogues.	0	0	0	0	Annoix.	1/4	att.	att.	1/4
Parassy.	1/10e.	0	0	0	Arçay.	1/20e.	1/10e.	att.	1/3
Rians.	1/20e.	att.		1/15e.	Lapan.	1/10e.	att.	0	0
Saint-Céols.			0	0	Lissay-Lochy.	1/5e.	1/10e.	att.	att.
Saint-Germain-du-Puits.	2/3	1/3	1/4	att.	Osmoy	1/3	1/4		1/4
Saint-Michel	1/2	1/6e.		att.	Plaimpied-Givaudins	1/3	0		0
Sainte-Solange.	2/3	att.	att.	att.	Saint-Caprais.	1/3	1/5e.	0	att.
Soulangis.		1/8e.	0	att.	Saint-Just.	1/20e.	1/3	1/10e.	att.
Baugy.	1/20e.	att.	att.	0	Sainte-Lunaise	1/3	att.	att.	att.
Avord.	1/4	att.	att.	0	Sennecay.	1/5e.	1/2	0	1/12e.

Bengy-sur-Craon	1/5e.	1/5e.	att.	1/5e.
Chassy	1/8e.	0	0	1/10e.
Crosses	3/10es.	1/3	att.	att.
Farges	1/4		1/10e.	1/5e.
Gron		1/5e.		1/4
Jussy-Champagne	1/3	att.	att.	1/20e.
Laverdines	1/3		0	0
Moulins-sur-Yèvre	1/3	1/2	1/5e.	0
Nohant-en-Goût	3/20es.	3/20es.	3/20es.	1/10e.
Saligny-le-Vif	0	0	1/10e.	att.
Savigny-en-Septaine	2/3	att.	0	att.
Villabon	3/5es.	2/3	att.	2/25es.
Villequiers	1/20e.	1/12e.	0	1/4
Vornay	1/3	1/6e.	1/20e.	2/5es.
BOURGES	1/4	1/5e.		0
CHAROST		att.	0	1/10e.
Civray	1/6e.	1/2	1/10e.	1/3
Dame-Sainte	1/4	att.	0	0
Lunery		att.	0	0
Mareuil	2/3	att.	0	att.
Morthomiers			0	0
Plou		1/3	1/5e.	1/5e.
Poisieux	0	0		0
Primelles	1/20e.	att.	att.	0
Saint-Ambroix	1/10e.	1/5e.	att.	att.
Saint-Florent		att.	0	att.
Le Subdray	1/8e.	att.	1/20e.	att.
Villeneuve	1/4	att.	att.	att.
GRAÇAY	1/4	1/5e.	1/3	0
Dampierre	0	0	1/10e.	0
Genouilly	0	1/25e.	0	0
Nohan	1/20e.	1/2	0	att.

Soye	1/3	1/4	1/4	1/3
Trouy	1/10e.	1/12e.	1/8e.	1/18e.
Vorly	1/6e.		att.	att.
LURY	1/4		1/8e.	1/5e.
Brinay	1/3	1/4	1/4	1/6e.
Cerbois	1/10e.	0	0	0
Chéry	2/3	0	0	att.
Lazenay	1/20e.	0	0	1/20e.
Limeux	1/5e.	0		1/10e.
Mereau	1/5e.	1/6e.	1/6e.	0
Preuilly	1/10e.	0	0	att.
Quincy	3/4	1/3	att.	1/2
SAINT-MARTIN	0	0	0	0
Saint-Éloi	1/3	att.	att.	att.
Allogny	1/10e.	0	0	0
Fussy	1/20e.	2/3	0	1/10e.
Menetou-Salon	1/20e.	1/10e.	0	1/10e.
Pigny	2/3	1/10e.	att.	0
Quantilly	1/10e.		0	att.
Saint-Georges-sur-Moulon	1/5e.	1/3	0	0
Saint-Palais	1/5e.	1/4	0	1/4
Vasselay	1/3	1/4	0	att.
Vignoux-sous-les-Aix	att.	att.	0	att.
MEHUN	1/3	1/20e.	1/6e.	0
Allouis	1/4	att.	att.	att.
Berry-Bouy	1/5e.	1/6e.	1/7e.	att.
La Chapelle-Saint-Ursin	1/20e.	att.	1/15e.	att.
Foëcy	1/20e.	1/50e.	0	0
Marmagne	1/3	1/3	0	0
Saint-Doulchard	1/3	1/3	1/4	att.
Saint-Laurent	0	1/20e.	0	1/20e.
Sainte-Thorette	1/20e.	1/3		1/100e.

Suite de l'arrondissement de Bourges.

COMMUNES.	1849.	1850.	1851.	1852.	COMMUNES.	1849.	1850.	1851.	1852.
Vierzon-Ville	0	0	0	0	Saint-Hilaire	1/20e.	att.		0
Massay	1/20e.	1/4	att.	att.	Thénioux.	0	1/4	0	0
Méry-ès-Bois	1/3	1/4	att.	att.	Vierzon-Village.	1/5e.	1/4	0	0
Nançay.	0	0	0	0	Vignoux-sur-Barangeon.	0	0	0	0
Neuvy-sur-Barangeon.	0	0	0	0	Vouzeron.	0	0	0	0

Cet arrondissement comprend 100 communes : un petit nombre n'ont pas fourni de renseignements pour quelques années. Attaquées par l'alucite en 1849. . . . 76 communes. — En 1850. . . . 73. — En 1851. . . . 47. — En 1852. . . . 61. L'année 1849 présente un plus grand nombre de rapports élevés que les années suivantes.

L'arrondissement de Bourges est un bassin calcaire appartenant aux formations secondaires, tertiaires et crétacées. Les plaines élevées de ce bassin sont en général de calcaire maigre et sillonnées de très peu de cours d'eau qui, en grande partie, sont à sec l'été. Les nuits de la fin du printemps et les nuits d'été y sont assez ordinairement chaudes ; l'alucite se trouve donc alors dans les meilleures conditions de propagation.

J'ai eu occasion de constater dans plusieurs greniers que l'alucite avait attaqué le seigle, l'ingrin ou épautre, et l'orge qui se trouvaient près du froment.

Arrondissement de Saint-Amand.

COMMUNES.	1849.	1850.	1851.	1852.	COMMUNES.	1849.	1850.	1851.	1852.
Charenton	1/20e.	1/3	0	0	Chalivoy-Milon.	0	1/4		1/20e.
Arpheuille	1/20e.	1/6e.	att.	att.	Cogny.	att.	att.	att.	att.
Bannegon.	1/20e.	0	0	att.	Contres.		1/5e.		0
Bessais	0	0	0	0	Lantan	0	att.	att.	att.
Chaumont.			0		Osmery.	att.	0	0	0
Coust.	1/4	1/4	0	0	Parnay	att.	att.	att.	0
Saint-Pierre-les-Élieux.	0	att.	0	0	Raymond.	2/5es.			
Thaumiers.	1/20e.	0	att.	att.	Saint-Denis-de-Palin	att.	att.		att.
Vernais.	1/32e.	0	0	att.	Saint-Germain-des-Bois.	att.	0	0	att.

CHATEAUMEILLANT	0	0	0	0
Beddes	0	0	1/6e.	0
Culan	0	0	0	0
Préveranges	0	0	0	0
Reigny	0	0	0	0
Saint-Christophe	0	0	0	0
Saint-Janvrin	0	0	0	0
Saint-Maur	0	0		0
Saint-Priest	0			
Saint-Saturnin	0	0	0	0
Sidiailles	0	0		0
CHATEAUNEUF	0	0	0	0
Allichamps	0	0	0	0
Chambon	0	0	0	0
Chavannes	0		0	0
Corquoy	0	0	0	att.
Crésançay	0			0
Serruelles	0	1/5e.	1/10e.	0
Saint-Symphorien	1/20e.	0		att.
Saint-Loup	1/2	1/4	0	0
Vallenay	1/20e.	att.	att.	att.
Venesmes	0	att.	0	0
Uzay-le-Venon	0	1/4	0	0
LE CHATELET	0	0	0	0
Ardennais	0	att.	0	0
Ids-Saint-Roch	0	att.		0
Maisonnais	0	0	att.	0
Morlac				att.
Rezay	0	att.		0
Saint-Pierre-les-Bois	0			1/5e.
DUN-LE-ROI	0	att.	att.	att.
Bussy	0	att.	att.	att.

Verneuil	1/5e.	1/20e.	0	0
LA GUERCHE	0	1/6e.	0	0
Apremont	0	1/20e.	0	0
La Chapelle-Hugon	0	0		0
Le Chautay	0	att.	att.	0
Cours-les-Barres	att.	att.	0	0
Cuffy	0	att.		0
Germigny	0	1/20e.	1/7e.	0
Patinges	att.	0	0	0
Saint-Germain-sur-l'Aubois	1/20e.	0	att.	1/10e.
LIGNIÈRES	att.	0		att.
La Celle-Condé	att.	att.	0	0
Chezal-Benoît	att.	0	att.	0
Dampierre-en-Lignières	att.	0	0	0
Ineuil	att.	0	0	att.
Montlouis	1/4	0	0	0
Saint-Baudel	0	0	0	0
Saint-Hilaire-en-Lignières	0	att.	0	0
Touchay	0	0	0	0
Villecelin	0	0	0	0
NÉRONDES	1/4	6	0	0
Blet	att.	1/10e.		0
Charly	att.	att.		att.
Cornusse	1/8e.		0	att.
Croisy	att.	att.	0	0
Flavigny	att.	1/3	0	0
Ignol	0	0	0	0
Lugny	att.	att.		att.
Menetou-Couture	0	0	0	att.
Mornay	1/13e.	1/6e.	0	0
Ourouer	att.	att.	0	0
Saint-Hilaire-de-Gondilly	1/5e.	1/6e.		1/5e.

Suite de l'arrondissement de Saint-Amand.

COMMUNES.	1849.	1850.	1851.	1852.	COMMUNES.	1849.	1850.	1851.	1852.
Tendron.	att.	att.	att.	1/10e	Neuilly.	1/4	1/3	att.	1/4
SAINT-AMAND	att.	att.		att.	Neuvy-le-Barrois	att.	1/5e	1/10e	att.
Bouzais.	1/4	1/4	1/10e	1/4	Sagonne	1/4	0	0	0
La Celle-Bruère.	0	0	0	0	Saint-Aignan.	1/50e	1/40e	1/100e	1/50e
Colombiers	0	att.		0	Veraux	0	1/2	0	1/10e
Drevant.	0	0	att.	0					
Farges	0	0	0	0	SAULZAIS	1/5e	0	0	0
La Groute.	0	0	0	1/4	Ainay-le-Vieil.	1/4	1/3		1/6e
Marçais.	2/3	1/3	1/10e	1/15e	Arcomps	0	1/3	att.	att.
Meillant.	0	1/20e	0	0	La Celette	1/10e	1/5e		1/20e
Nozières	att.	att.		att.	Épineuil	0	att.	0	0
Orcenais	1/20e	1/3	1/5e	1/20e	Faverdines	0	1/20e	0	0
Orval.	0	att.		0	La Perche.	att.	att.	0	att.
					Loye	0	0		0
SANCOINS	0	att.		0	Saint-Georges.	0	1/6e		0
Augy-sur-Aubois.	0	0	1/10e	1/10e	Sainte-Vitte.	att.	att.	att.	0
Givardon	att.	0	1/20e	0	Vesdun.	0	att.		0
Mornay-sur-Allier.	0	1/10e	att.	att.					

L'arrondissement de Saint-Amand contient 116 communes, peu se sont abstenues de fournir des renseignements.
Attaquées par l'alucite, en 1849. . . 51 communes. — En 1850. . . 61. — En 1851. . . 28. — En 1851. . . 41.
Les années 1849 & 1850 présentent généralement des rapports plus élevés que les années 1851 & 1852.
Cet arrondissement présente des terrains calcaires, argilo-calcaires, siliceux & argilo-siliceux.

Arrondissement de Sancerre.

	1849.	1850.	1851.	1852.		1849.	1850.	1851.	1852.
ARGENT.		0	0	0	Gardeford.		0		0
Blancafort		0	0	0	Jalognes		1/8e	0	0

Commune			
Brinon	0	0	0
Clémont	0	0	0
AUBIGNY-VILLE	0	0	0
Aubigny-Village	0	0	0
Ménétréol	0	0	0
Oizon	0	0	0
Sainte-Montaine	0	0	0
LA CHAPELLE-D'ANGILLON	0	0	0
Ennordres	0	0	0
Méry-ès-Bois	0	0	0
Presly-le-Chétif	0	0	0
Yvoi-le-Pré	0	0	0
HENRICHEMONT	0	0	0
Achères	0	0	0
La Chapelotte	0	0	0
Humbligny	0	0	0
Montigny	0	1/20e.	1/20e.
Neuilly	0	0	0
Neuvy-les-deux-Clochers	0	0	0
LÉRÉ	2/3	1/5e.	0
Belleville	0	0	0
Boulleret	2/3	0	att.
Sainte-Gemme	0	0	0
Santranges	0	0	1/10e.
Sury-près-Léré	2/3		0
Savigny-en-Léré	0	0	0
SANCERRE	att.		0
Bannay	1/4	0	1/10e.
Bué	0	0	0
Couargues	1/3		att.
Crésancy	0	0	0
Feux	1/4	1/10e.	0

Commune			
Ménétréol	0	0	0
Menetou-Ratel	0		0
Saint-Bouize	0	0	0
Saint-Satur	1/4		0
Sens-Beaujeu	0		0
Sury-en-Vaux	0		0
Thauvenay	att.	0	0
Veaugues	0	0	0
Verdigny	0	0	0
Vinon			0
SANCERGUES	1/10e.	att.	0
Argenvières	1/2		0
Azy	1/3		0
Beffes	0		0
La Chapelle-Montlinard	att.	att.	att.
Charentonnay	1/9e.	0	att.
Couy	1/5e.	0	0
Étréchy	2/3		0
Garigny	att.	1/10e.	0
Groises			
Herry	1/4	0	
Jussy-le-Chaudrier	1/4		0
Lugny-Champagne	att.	att.	0
Marcilly	att.		att.
Marseilles-les-Aubigny	1/10e.	1/5e.	1/10e.
Précy	1/20e.	0	1/10e.
Saint-Léger-le-Petit	1/20e.	0	0
Saint-Martin-des-Champs	1/2		1/20e.
Sévry	att.	att.	att.
VAILLY	0	0	0
Assigny	0	0	0
Barlieu	0	0	att.
Concressault	0	0	0

Suite de l'arrondissement de Sancerre.

COMMUNES.	1849.	1850.	1851.	1852.	COMMUNES.	1849.	1850.	1851.	1852.
Dampierre.		0	0	0	Sury-ès-Bois	0	0	0	0
Jars.		0	0	0	Thou	0	0	0	0
Le Noyer.		0	0	0	Villegenon	0	0	0	0
Subligny		0	0	0					

Dans l'arrondissement de Sancerre, composé de 76 communes, il n'a été fourni aucun renseignement pour 1849.

En 1850, absence de renseignements pour 2 communes. — En 1851, pour 49. — En 1852, pour 3.

Attaquées du papillon, en 1850. . . . 26 communes. — En 1851. . . . 9. — En 1852. . . . 13.

L'année 1850 présente les plus forts rapports, 1852 les plus faibles.

Cet arrondissement contient plusieurs cantons faisant partie de la portion de Sologne qui appartient au département du Cher, qui n'ont pas encore été en butte aux ravages de l'alucite. La nature des terrains de ces cantons, entre la Grande-Sauldre et la limite du département de Loir-et-Cher, est siliceuse et argilo-siliceuse. Ces terrains sont sillonnés par un grand nombre de petits cours d'eau et d'étangs dont l'évaporation contribue à raffraîchir l'air. De plus, notre portion de Sologne, qui limite le bassin calcaire de l'arrondissement de Bourges, présente, sur une grande étendue, des élévations de 300 à plus de 400 mètres au-dessus du niveau de la mer. Or, pour ceux qui ont étudié les habitudes de l'alucite, il est facile de s'expliquer l'absence de cet insecte dans les localités que nous venons d'indiquer, ou bien les difficultés qu'il y éprouve pour sa propagation ; car on sait que ce n'est que dans les nuits chaudes qu'on voit l'alucite se répandre sur les champs de blé, et que, partout où il y a évaporation, il y a raffraîchissement après le coucher du soleil.

Ces considérations peuvent s'appliquer à la partie *sud* de l'arrondissement de Saint-Amand, canton de Châteaumeillant, ce qui prouve qu'il n'y a aucune induction à tirer sous le rapport géologique ; car la Sologne est un terrain de transport ancien, et le canton de Châteaumeillant appartient, en grande partie, au terrain primitif.

Le dépouillement des tableaux des autres parts donne les résultats suivants :

1°. Dans l'arrondissement de Bourges, en divisant le nombre des communes attaquées par l'alucite selon trois catégories : 1re., celles dont les grains ont été ravagées des 3/4 ou 1/4 ; celles qui ne l'ont été que du 1/5e. au 1/10e., et celles enfin qui ne l'ont été qu'au-dessous du 10e., on trouve :

1re. CATÉGORIE.	2e. CATÉGORIE.	3e. CATÉGORIE.
1849, 37 communes.	20 communes.	15 communes.
1850, 22 —	18 —	1 —
1851, 6 —	15 —	3 —
1852, 11 —	12 —	8 —

2°. La première catégorie n'est que des 2/3 au 1/4 dans l'arrondissement de Saint-Amand.

1849, 10 communes.	14 communes.	11 communes.
1850, 13 —	10 —	6 —
1851, 00 —	8 —	5 —
1852, 3 —	7 —	5 —

3°. La première catégorie n'est que des 2/3 au 1/4 dans l'arrondissement de Sancerre.

1849, les renseignements manquent.		
1850, 12 communes.	3 communes.	5 communes.
1851, 00 —	4 —	1 —
1852, 00 —	4 —	2 —

Beaucoup de communes, indiquées comme étant attaquées par l'alucite, présentent de singulières anomalies ; dans un certain nombre, quelques fermes n'ont éprouvé aucun ravage du papillon ; dans d'autres communes on voit, dans des fermes qui ont plusieurs granges, l'une de ces granges dans laquelle le papillon se développe dans les gerbiers et pendant la battaison, tandis que dans l'autre grange il n'y a aucune apparence d'alucite dans les gerbiers et lors de la battaison ; cependant la chenille existe dans le grain de cette grange comme elle existait dans la première grange, et si son développement n'a pas eu lieu, cela ne peut être attribué qu'à la différence de température des deux granges ; dans la première, la température était au-dessus de 12 degrés Réaumur ; dans la seconde,

elle était au-dessous. Car l'étude faite des habitudes de l'alucite prouve que cet insecte ne peut subir toutes les phases de
développement qu'à une température continue d'au moins
12 degrés : aussi le blé de la seconde grange se trouve en butte
aux ravages du papillon dans les greniers lorsque les chaleurs
arrivent.

Les ravages sont plus grands dans les greniers couverts en
ardoises que dans ceux couverts en tuiles. Si on laisse l'alucite
tranquille dans les premiers, les générations s'y succèdent
tous les mois, de mai en septembre, tandis que dans les greniers couverts en tuiles les abaissements de température qui
surviennent quelquefois dans l'été suspendent momentané-
ment les développements de l'insecte.

Cette malheureuse situation, qui subsiste depuis près de
trente années dans plus des trois quarts de notre département, oblige le propriétaire et le cultivateur à se défaire des
grains le plus tôt possible, quelle que soit la faiblesse des cours
sur les marchés, ce qui a pour résultat :

1°. D'empêcher les réserves dans les greniers ;

2°. D'apporter une grande gêne dans l'agriculture ; car on
peut, sans craindre d'être taxé d'exagération, évaluer à
soixante millions au moins les pertes que l'alucite a fait éprouver au département jusqu'à présent ;

3°. De donner de graves inquiétudes pour les subsistances
si, par de malheureuses circonstances atmosphériques, les
récoltes descendaient beaucoup au-dessous de la moyenne.
Nous n'avons heureusement pas encore eu une disette abso-
lue causée par les ravages de l'alucite, telle qu'en signale le
docteur Guérin, de 1808 à 1812, dans le département de
l'Indre. (14e. Bulletin de la Société d'Agriculture du Cher,
1829.)

La progression décroissante des ravages de l'alucite dans
une grande partie du département, la sollicitude du Gouvernement qui, depuis quelques années, se préoccupe de notre
situation et a chargé le savant M. Doyère d'étudier et de faire
exécuter les moyens les plus énergiques pour combattre le

lléau, nous donnent lieu d'espérer que peut-être sommes-
nous à la veille d'en être débarrassés, surtout si les moyens
en voie d'exécution peuvent être mis à la portée des petits
cultivateurs.

*Moyens employés jusqu'à présent soit pour diminuer les chances
de reproduction de l'alucite, soit pour la destruction complète
de cet insecte.*

Les ravages devinrent tels, en 1825, 26 et 27, que la Société d'agriculture du Cher provoqua alors de toutes parts les
investigations des observateurs sur la marche et les habitudes
de cet insecte; elle fit plus, elle offrit un prix de 1,000 fr. à
celui qui trouverait un moyen de destruction d'une facile
exécution et qui pût être mis, sans danger, à la portée de
tous les cultivateurs.

Les moyens simples employés par les propriétaires et les
cultivateurs pour diminuer les chances de reproduction, leur
ont été indiqués par la haute température qu'éprouvaient les
grains en tas dans les greniers. Cette température élevée est
l'annonce d'une génération de papillons; alors le pelletage, le
criblage multipliés, le tarare, la lancée ordinaire, les bat-
teuses énergiques, et, en général, les mouvements violents
ont toujours pour résultat la destruction d'un grand nombre
d'insectes; enfin, l'étendage en couches minces et la vente ou
la mouture autant prompte que possible des grains.

D'autres moyens naturels ont pu contribuer aussi à diminuer les chances de reproduction, surtout dans ces dernières
années. Ces moyens, indépendants de notre volonté, sont une
température basse, des pluies froides, des coups de vent, des
orages, dans le mois de mai ou au commencement de juin, au
moment où la première génération sort des greniers et où le
papillon, produit de la chenille du grain de semence, sort
de terre pour se jeter sur les épis.

Avant l'époque des semailles de 1829 et de plusieurs années

suivantes, j'ai fait connaître, par les journaux du département, les résultats des expériences auxquelles je m'étais livré, en invitant les cultivateurs à apporter le plus grand soin à l'épuration de leurs semences, en ne prenant que la tête de leurs lancées et soumettant ce grain élité à une immersion dans l'eau, afin d'enlever le plus promptement possible les grains qui surnageraient. J'indiquais aussi, comme moyen de suspendre les développements du papillon dans les grains à conserver, de tenir ces grains au tempéré du thermomètre de Réaumur; ou l'ensilage du grain, autant sec que possible, dans des vases clos et parfaitement pleins.

Les recherches provoquées par la Société d'Agriculture du Cher, pour la destruction de l'alucite dans toutes ses phases de développement, ont produit plusieurs appareils qui ont tous eu pour base la chaleur. (Base déjà indiquée par Duhamel et Tillet.) L'application de ce moyen dans ces divers appareils présentait de graves inconvénients : 1°. dans plusieurs, des dangers réels entre les mains de cultivateurs peu soigneux et peu intelligents; 2°. dans tous, la difficulté de réglementer la chaleur; 3°. des résultats tels qu'une partie du grain n'était pas assez chauffée, l'autre l'était au point de perdre non seulement sa vertu germinative, mais encore de produire une farine peu propre à une bonne panification; aussi en est-il résulté une grande défaveur dans la boulangerie sur les grains traités par ces divers moyens.

Les instruments insecticides qui ont approché le plus du vrai et de l'utile, en employant la chaleur, sont les étuves de MM. Terrasse des Billons, d'Haranguier, ingénieur en chef, et Jarre. Les expériences auxquelles se sont livrés MM. Doyère et Jarre, dans la propriété de ce dernier, à Soupize, la bonne réglementation de la chaleur qu'ils sont parvenus à établir, ont produit les résultats les plus satisfaisants.

Rendons grâce au Gouvernement d'avoir chargé un homme actif et aussi instruit comme l'est M. Doyère, de nous aider de ses lumières pour combattre le fléau qui pèse depuis si longtemps sur notre département. Ce savant a joint à ses travaux l'invention d'un instrument, le *tue-teigne*, dont la vigoureuse énergie et le transport facile peuvent influer beaucoup sur la destruction de tous les insectes qui ravagent les grains.

Il serait à désirer que l'étuve qui se construit maintenant à Bourges, sur le modèle perfectionné de celle de Soupize, pût être mise à la portée des cultivateurs en arrivant à un mode d'établissement transportable ; alors il se trouverait des industriels qui, parcourant nos campagnes, offriraient aux propriétaires et aux cultivateurs les moyens d'assainir leurs grains, non seulement sous le rapport de la destruction du papillon, mais encore sous le rapport de l'ensilage ou de la conservation des blés dans les années abondantes.

Le Gouvernement, qui se préoccupe, avec grande raison, des ravages de l'alucite dans plusieurs parties de l'Empire, produirait un grand bienfait en versant, sur les marchés qui précèdent les semailles, des blés provenant de pays non infestés et en ordonnant de transformer en farine tous les grains avant le développement du papillon.

Je désire, Messieurs et honorables Collègues, avoir rempli la mission que vous m'avez confiée, de faire la statistique de l'alucite dans notre département. Qui dit statistique, ne dit pas toujours vérité-mathématique, mais approximativement, autant que possible. Je joins à ce travail une Carte parlante de l'envahissement du papillon dans le Cher.

FABRE,

Ancien Ingénieur-Vérificateur du Cadastre, auteur de la Description physique du département du Cher.

ARRÊTÉS DE M. LE PRÉFET

QUI CONSTITUENT LA COMMISSION.

ARRÊTÉ DU 17 JANVIER 1853.

Nous PRÉFET du Cher, Chevalier de la Légion-d'Honneur,

Vu la proposition faite par la Société d'Agriculture du Cher, dans sa séance du 4 décembre 1852, sur le rapport de M. JARRE, Vice-Président de cette Société;

Considérant qu'il résulte de cette proposition, que l'*alucite* exerce sur les grains des ravages dont il importe essentiellement d'arrêter le progrès;

ARRÊTONS :

ART. 1er. — Une Commission est instituée pour étudier les moyens de combattre et de détruire l'*alucite*.

Ses travaux auront notamment pour objet d'examiner les appareils de destruction de cet insecte et d'apprécier leur efficacité par diverses expériences ; de vérifier ces expériences et d'en constater d'une manière précise les résultats; enfin, de déterminer l'évaluation de la dépense que nécessitera l'emploi des moyens dont l'application aura été reconnue la plus avantageuse.

ART. 2. — Sont nommés Membres de cette Commission :

MM. DE BENGY-PUYVALLÉE, Président de la Société d'Agriculture, propriétaire à Bourges;

JARRE, Vice-Président de cette Société, propriétaire à Bourges;

FABRE, propriétaire géologue, à Bourges;

PENEAU, pharmacien à Bourges;

LAINÉ, Jules, propriétaire à Bengy-sur-Craon;

TURIN, propriétaire à Cornusse;

D'HARANGUIER DE QUINCEROT, ancien ingénieur en chef, propriétaire à St-Germain-du-Puits;

POISSON, Directeur de la ferme-école, propriétaire à Brinay.

Art. 3. — La Présidence de la Commission est déférée à M. de Bengy-Puyvallée.

M. Jarre remplira les fonctions de Secrétaire.

Art. 4. — Les travaux de la Commission commenceront immédiatement. Les expériences auxquelles elle jugera utile de se livrer auront lieu à Bourges.

Art. 5. — A la suite de ses opérations, la Commission nous adressera un rapport détaillé des résultats qu'elle aura obtenus, et elle nous signalera les moyens dont l'emploi lui aura paru le plus propre à atteindre le but proposé.

Art. 6. — Ce rapport sera porté, par nos soins, à la connaissance des propriétaires et cultivateurs.

Art. 7. — Ampliation du présent arrêté sera adressée à M. le Président de la Commission, chargé de prendre les mesures nécessaires pour assurer son exécution et d'informer chacun des Membres de la Commission de la mission qui lui est confiée.

Fait à Bourges, les jour, mois et an ci-dessus.

Le Préfet du Cher, *Signé* : PASTOUREAU.

Arrêté du 31 janvier 1853.

Nous Préfet du Cher, Chevalier de la Légion-d'Honneur,
Vu notre arrêté du 17 de ce mois, qui institue une Commission chargée d'étudier les moyens de combattre et de détruire l'*alucite* ;

Arrêtons :

Art. 1er. — Sont nommés membres de cette Commission :

MM. Bourdaloue, Ingénieur civil, adjoint au Maire de la ville de Bourges ;

De La Mardière, propriétaire, Directeur de la Colonie pénitentiaire de La Loge.

Art. 2. — Ampliation du présent arrêté sera adressée à M. le Président de la Commission dont il s'agit.

Fait à Bourges, le 31 janvier 1853.

Pour le Préfet du Cher empêché :
Le Conseiller de Préfecture Secrétaire Général,
Signé : BOURDALOUE.

Arrêté du 23 février 1853.

Nous Préfet du Cher, Chevalier de la Légion-d'Honneur,
Vu notre arrêté du 17 de ce mois, qui institue une Commission chargée d'étudier les moyens de combattre et de détruire l'*alucite* ;

Arrêtons :

Art. 1er. — M. Bosq, sous-intendant militaire, est nommé membre de cette Commission.

Art. 2. —- Ampliation du présent arrêté sera adressée à M. le Président de la Commission dont il s'agit.

Pour le Préfet du Cher empêché :

Le Conseiller de Préfecture, Secrétaire-Général,

Signé : BOURDALOUE.

PROCÈS-VERBAUX

DES SÉANCES DE LA COMMISSION.

L'an 1853, le lundi 7 février, à midi, une Commission nommée par arrêtés de M. le Préfet, en date des 17 et 31 janvier dernier, s'est réunie dans le cabinet de M. de Bengy-Puyvallée, président.

Etaient présents : MM. JARRE, FABRE, DE LA MARDIÈRE, PÉNEAU, BOURDALOUE et Jules LAINÉ, tous Membres de cette Commission.

M. DOYÈRE, ancien professeur de l'Institut agronomique, envoyé par M. le Ministre de l'intérieur, de l'agriculture et du commerce, pour assister la Commission de son concours, est présent à la séance.

Par ledit arrêté du 17 janvier, la présidence est déférée à M. de BENGY-PUYVALLÉE, et les fonctions de secrétaire sont dévolues à M. JARRE.

M. le Président donne lecture de l'arrêté sus-relaté, du 17 janvier, qui institue une Commission à l'effet d'étudier les moyens de combattre et de détruire l'alucite. Ses travaux auront notamment pour objet d'examiner les appareils de destruction de cet insecte et d'apprécier leur efficacité par des expériences ; de vérifier ces expériences et d'en constater d'une manière précise les résultats ; enfin, de déterminer l'évaluation de la dépense que nécessitera l'emploi des moyens dont l'application aura été reconnue la plus avantageuse.

Après cette lecture, M. le Président déclare la Commission constituée, et il l'engage à établir approximativement les frais que doivent occasionner ses travaux et les expérienses auxquelles elle doit se livrer. Cette appréciation est faite et elle monte à 2,300 fr.

La Commission décide qu'elle s'occupera sans retard de ses travaux.

Sur la proposition de M. Doyère, admise par la Commission, MM. Bourdaloue, Fabre et M. le Secrétaire s'occuperont immédiatement de recherches, de plans, de constructions des objets propres aux expériences.

M. Fabre accepte de recueillir des renseignements, aussi exacts que possible, sur les pertes que l'alucite a fait éprouver, cette année et les années précédentes, à l'agriculture, dans le département. La Commission lui témoigne sa reconnaissance du travail qu'il va entreprendre pour éclairer la question.

Mercredi prochain, M. le Secrétaire, MM. Bourdaloue, Jules Laîné et de La Mardière se transporteront à Soupise, à 15 kilomètres de Bourges, pour y voir, y examiner et apprécier un appareil en activité, construit en 1850, sous la direction de M. Doyère, qui veut bien aussi accompagner cette sous-commission.

La Commission ne se réunira pas à jour fixe; mais elle sera convoquée dès qu'il y aura quelque chose à soumettre à sa sanction.

Copie des présentes sera adressée à M. le Préfet, par les soins de M. le Président.

***

Séance du 26 février 1853.

Aujourd'hui, à midi, la Commission chargée d'étudier les moyens de combattre et de détruire l'alucite, convoquée par M. de Bengy-Puyvallée, son président, s'est réunie en son hôtel.

Etaient présents : MM. Péneau, Fabre, Bourdaloue, d'Haranguier de Quincerot, Bosq, Jules Laîné, et Jarre, *secrétaire*.

M. Doyère, commissaire de M. le Ministre de l'intérieur, de l'agriculture et du commerce, assiste à la séance.

Un arrêté de M. le Préfet, en date du 22 de ce mois, appelle M. Bosq, sous-intendant militaire, à faire partie de la Commission, qui se félicite de cette heureuse adjonction.

M. le Président a reçu une lettre de M. Planchat, maire de

la ville de Bourges, où ce magistrat exprime tout l'intérêt qu'il porte aux travaux de la Commission, où il se félicite de l'autoriser à se servir d'un bâtiment appartenant à la ville pour faire ses expériences et ses recherches.

M. le Secrétaire rend compte d'une visite demandée par la Commission, dans la séance du 7, et faite le 15, à l'appareil de Soupize. La sous-commission qui en était chargée était composée de MM. Doyère, commissaire susdit; Bourdaloue, Jules Laîné, de La Mardière et Jarre, secrétaire de la Commission; elle déclare qu'elle est satisfaite de l'appareil qu'elle a vu à Soupize, et elle conçoit de l'exécution d'un appareil du même genre des espérances pour le succès des travaux confiés à la Commission.

M. le Président annonce qu'un premier envoi de fonds (600 fr.) a été ordonnancé par M. le Ministre de l'intérieur, de l'agriculture et du commerce. Ce fait est une nouvelle preuve pour la Commission de tout l'intérêt que le gouvernement accorde aux succès de ses travaux. Le ministère, ajoute M. Doyère, en prévoit toute l'importance, ses sollicitudes ne feront pas défaut: le mal est considérable, le pays en souffre; la Commission peut donc se livrer, en toute confiance, aux études qui lui sont confiées.

MM. Bourdaloue et Doyère se sont occupés, avant de venir à la séance, des préparatifs pour la construction de l'appareil, à Bourges, perfectionné sur celui de Soupize. Ces préparatifs sont fort avancés. Le calorifère, pièce principale, n'ayant pu être fourni par le commerce, on l'a demandé à la fonderie.

M. Doyère fait observer que cet appareil perfectionné offrira plus d'un avantage : le blé en sortira préservé de l'action de l'alucite ; il aura subi une dessication qui permettra de le conserver. Ce second avantage conduira à des conséquences majeures, à l'ensilage, grande question dont le gouvernement se préoccupe.

La Commission revient aux moyens de combattre l'ennemi sur le terrain où il se place.

Le choc lui paraît mériter son attention. Les blés battus à la machine sont ensuite moins endommagés par l'alucite que ceux battus au fléau. Une machine énergique qui lance le blé détruit une grande partie de ces insectes. Ce fait est parvenu à la connaissance de M. Doyère en 1850 ; il lui a suggéré l'idée de faire construire, ce qu'il appelle un *tue-teignes*, machine mise en jeu par deux hommes et ne laissant échapper le blé qu'après l'avoir soumis à des chocs répétés.

La Commission décide que le tue-teignes de M. Doyère, après quelques changements et additions à y faire, pourra être essayé en sa présence, le samedi 12 mars prochain.

Dans sa séance du 7 février, mois courant, elle a prié M. Doyère de prendre des informations sur une bonne machine à battre, parce que le blé battu à cette machine se trouverait purgé, en partie, de l'alucite. M. Doyère met sous ses yeux une lettre de M. Lotz, mécanicien à Nantes, auteur d'une machine portative, exposée et primée au Concours de l'Institut agronomique de Versailles. Cette lettre, accompagnée des dessins représentant la machine Lotz, sera jointe au procès-verbal de la séance.

La Commission prie M. le Président de demander à M. Lotz une de ses machines, construite en bois. Elle serait adressée à M. Poisson, Membre de la Commission, et déposée dans la gare de Vierzon, d'où elle serait transportée à Aubussay, pour y être essayée le dimanche 13 mars prochain. A cet effet, M. Poisson est autorisé à se procurer 100 gerbes de blé alucité. Cet essai aura lieu en présence de MM. Poisson, Bourdaloue, Jules Laîné, d'Haranguier de Quincerot et Jarre, réunis en sous-commission, assistés de M. Doyère.

MM. les Membres de la Commission seront convoqués pour la prochaine séance.

Expédition de ce procès-verbal sera adressée à M. le Préfet.

Séance du 18 mars 1853.

La Commission est réunie dans le cabinet de M. de Bengy-Puyvallée, son président.

Sont présents: MM. DE BENGY-PUYVALLÉE, *président ;* BOURDALOUE, BOSQ, POISSON, FABRE, PÉNEAU, D'HARANGUIER DE QINCEROT, TURIN, et JARRE, *secrétaire.*

Le procès-verbal de la dernière séance est adopté après lecture

M. le Président expose qu'il a convoqué extraordinairement la Commission pour lui communiquer une lettre de M. Lotz, fils aîné, mécanicien à Nantes, du 15 de ce mois. Avant la lecture de cette lettre il fait connaître les termes de la sienne, du 8, à M. Lotz, qui a pour objet de lui demander d'envoyer par le chemin de fer, à Vierzon, sa machine à battre les grains pour être expérimentée à la ferme-école d'Aubussay, et pour faire connaître à ce mécanicien les conditions de ce transport.

Il donne ensuite communication à la Commission de la réponse faite à cette lettre par M. Lotz, qui accepte tout ce qui lui a été proposé par M. le Président, relativement au transport de la machine à Vierzon, et qui propose à la Commission de se rendre à Aubussay pour diriger les opérations de la machine, faisant observer que les frais de son voyage seront à la charge de la Commission.

Après lecture de ces deux lettres et leur appréciation, la Commission en témoigne sa gratitude à M. le Président. Elle considère qu'elle ne doit rien négliger pour que ses expériences produisent les meilleurs résultats possibles ; que sa pensée et ses travaux tendent sans cesse vers ce but ; que la vitesse dans l'action des machines à battre augmente les chocs ; que le choc, par lui-même, est un moyen de détruire l'alucite, d'où suit qu'il y a nécessité de compléter, par des essais, tout ce qu'on en peut attendre. Elle décide, en conséquence, qu'elle accepte les essais par la machine à roue et pignon perfectionnés par M. Lotz, aux termes de sa lettre du 15 mars adressée à M. le Président. Considérant ensuite que l'auteur de cette machine peut mieux que personne présider à sa mise en action afin d'en obtenir le meilleur travail ; qu'il serait plus à même de réparer un accident, s'il se produisait, qu'aucun ouvrier du pays ; que, comme mécanicien, plusieurs fois primé, il peut être utile aux expériences dont il s'agit ; la Commission accepte ses offres, aux termes de sadite lettre du 15 de ce mois, pour monter sa machine, la voir fonctionner ; enfin, comme il le dit lui-même, en tirer profit à l'avantage des expériences de la Commission et du pays. Sa demande de frais de déplacement, à cet égard, lui sera octroyée. M. le Président est prié de lui écrire ce que dessus, et de fixer l'arrivée de la machine, à Vierzon, au plus tard pour le 15 avril prochain.

Séance du 16 avril.

EXPÉRIENCES. — TUE-TEIGNES. — BATTEUSE-LOTZ.

La Commission s'est réunie sur une convocation de M. de Bengy-Puyvallée, son président, et en son hôtel, heure de midi.

Étaient présents : MM. DE BENGY-PUYVALLÉE, *président ;* BOURDALOUE, FABRE, D'HARANGUIER DE QUINCEROT, POISSON, DE LA MARDIÈRE, BOSQ, TURIN, Jules LAINÉ, et JARRE, *secrétaire.*

M. Doyère assistait la Commission.

Le procès-verbal de la dernière séance est lu et adopté.

M. le Président expose que la construction de l'appareil à la chaleur a encore été retardée. La fonderie a continué de faire attendre des pièces nécessaires, mais elles sont fournies, et cette construction marche vers sa fin. La Commission, si elle le désire, après la séance, pourra voir le degré de confection de cet appareil (plusieurs Membres se proposent de l'examiner). Le tue-teigne est réparé, on peut en faire un premier essai quand on voudra. La machine à battre de M. Lotz est à Vierzon, à la gare du chemin de fer. Demain, 17 du mois, elle sera à Aubussay, par les soins de M. Poisson, directeur de la ferme-école du Cher et Membre de la Commission. On en pourra faire l'expérience lundi 18, en présence de la sous-commission et des autres Membres de la Commission qui voudraient s'y réunir. M. le Président rappelle que la sous-commission est composée de MM. Poisson, Bourdaloue, Lainé, d'Haranguier et Jarre, secrétaire de la Commission. Le blé en gerbes, que M. Poisson a retenu pour être battu par la machine Lotz, est fortement alucité,

Après s'être concerté avec M. le Président, M. le Secrétaire a loué, le 9 du mois, 50 doubles décalitres de blé alucité, exposé sur la halle de Bourges, au marché. Ce blé est destiné aux expériences de la Commission ; il est déposé au-dessus de l'appareil à la chaleur, dans un grenier.

M. le Président fait connaître le texte d'une lettre qu'il a adressée, le 21 mars, à M. Lotz, mécanicien à Nantes, en conséquence d'une invitation qu'il a acceptée dans la séance du 18 mars.

M. d'Haranguier de Quincerot veut bien se charger de tou-

cher, de M. le payeur, les crédits accordés par le gouvernement pour faire face aux frais des expériences.

M. Fabre fait un rapport sur la marche et les ravages de
l'alucite dans le département ; il excite toute l'attention de la
Commission. Au rapport se trouve jointe une carte indicative
des arrondissements, cantons et communes adoptés par l'a-
lucite.

M. le Président, organe de la Commission, remercie cet honorable Membre des travaux auxquels il s'est livré, de son
rapport plein de faits d'un haut intérêt pour le pays. Ce rapport sera joint au procès-verbal de ce jour, et on sera heureux
d'y avoir recours au besoin.

La Commission toute entière se transporte sur la place Berry,
dans la pièce où se construit l'appareil à la chaleur. Elle l'examine ; elle fait des observations sur la construction de l'étuve.
M. Doyère explique le système employé par le constructeur,
l'introduction du blé dans le cylindre, le temps qu'il y sé-
journe, la réglementation de la chaleur, et en général les résultats de l'opération. Non seulement l'alucite n'existe plus
dans les grains de blé en sortant du cylindre, mais le blé se
trouve propre à être conservé, par l'état de dessication qu'il
acquiert en passant dans la chaleur; sa qualité germinative
n'en est point atteinte, ni ses propriétés de panification.

Le tue-teignes de M. Doyère est déposé dans la pièce où
on construit l'étuve. La Commission l'examine et en espère du
succès. On visite le grenier au-dessus ; on le trouve suffisant
pour un premier essai. La Commission décide que le tue-
teigne y sera transporté immédiatement : elle s'ajourne à
4 heures du soir pour le voir fonctionner.

Le bruit que cette expérience va avoir lieu s'étant répandu
sur la place publique, une réunion nombreuse entourait l'appareil quand la Commission est revenue à l'heure qu'elle avait
indiquée. Un premier essai a eu lieu, deux doubles décalitres
du blé loué à cet effet, ont été versés dans la trémie. Mais un
des hommes ayant, par erreur, poussé le registre, l'écoulement s'est fait avec une vitesse très supérieure à la vitesse
normale. On a passé, en une minute 3/4 environ, ce qui représente près de 14 hectolitres par heure. Cet essai a prouvé
qu'avec un nombre d'hommes suffisant aux manivelles, l'appareil pouvait donner un effet utile en rapport avec tous les

besoins. Mais il faudrait quatre hommes aux manivelles et quatre pour les relever ; à 1 fr. 25 c. par homme et par jour, font 10 fr. pour 140 hectolitres dans leur journée : ce serait 7 cent. par hectolitre.

Ensuite c'est M. Doyère qui a réglé la marche du second hectolitre, passé après le premier. La vitesse a été très régulièrement de 25 à 26 tours de manivelle par minute. Et comme le cylindre fait 17 tours, à très peu près, pour un de manivelle, cela donne une vitesse moyenne de 440 tours de cylindre. Le cylindre ayant d'ailleurs 55 centimètres du bord d'une lame percutante, à celui de la lame opposée, cela donne une vitesse de 760 mètres à la circonférence.

L'écoulement du blé dans la trémie a été réglé par M. Doyère, sur l'induction des hommes à la manivelle et de manière à donner un travail qu'ils puissent supporter ; beaucoup de personnes présentes ont essayé la force exigée par les manivelles et l'ont trouvée modérée.

M. Doyère a examiné le blé passé : toutes les chenilles dans les grains y étaient mortes. Ainsi l'expérience a très probablement réussi. La projection du blé, par le cilyndre, permet d'en distinguer trois classes sur le grenier : la plus éloignée de son point de départ ; l'intermédiaire et la plus rapprochée du cylindre. La première ne contient presque pas de chenilles ; la deuxième en a nourri un peu, et la troisième est celle qui en a été dévorée. Cette classification qui s'opère par la force de projection est précieuse.

La Commission, M. Doyère et les assistants ont suivi ces essais avec tout l'intérêt qui s'y attache. Des échantillons des trois classes de blé passé ont été mis à part ; un échantillon du même non passé est également conservé. Le temps et la chaleur confirmeront, sans doute, ce que ces expériences réitérées ont appris.

La Commission s'ajourne au samedi 30 du mois, pour les expériences à la chaleur. Mais lundi prochain, 18, la sous-commission profitera de la présence de M. Doyère à Bourges, pour aller à Aubussay voir fonctionner la machine à battre de M. Lotz.

Séance du 18 avril.

MACHINE A BATTRE DE M. LOTZ. — SOUS-COMMISSION.

A 7 heures, les Membres de la sous-commission, auxquels se sont réunis MM. Bosq et de La Mardière, étaient à la gare du chemin de fer, et prenaient place pour Vierzon. M. Poisson, directeur de la ferme-école du Cher, a eu l'obligeance de faire trouver, à Vierzon, des moyens de transport pour Aubussay, ou la batteuse de M. Lotz, venue de Nantes, devait être expérimentée. Elle était montée dans un champ voisin de la ferme-école ; 100 gerbes de blé alucité étaient auprès.

M. Poisson, avec un zèle et une bienveillance parfaites, a reçu ses collègues de la Commission dans la belle ferme qu'il dirige avec une intelligence exemplaire.

Un premier essai a eu lieu avec du blé de la ferme dans le but de la régler, d'accoutumer les chevaux et de tout préparer pour donner aux expériences une marche régulière. La première expérience a eu lieu sur 50 gerbes de blé alucité, pesant en moyenne 12 kilogrammes 1/2. Elles ont passé en 43 tours du manége et en 23 minutes de temps : cela représente 1,625 gerbes de 10 kilogr. par journée de 10 heures. Le batteur faisait 400 tours pour un de manége, et ayant 50 centimètres de diamètre ; ce qui donne 855 tours par minute, et 340 mètres de vitesse à la circonférence.

Le grain ayant été examiné on y a trouvé des chenilles vivantes, quoiqu'on n'en pût pas conclure absolument qu'elles survivraient. La sous-commission a pensé qu'il fallait faire deux nouvelles expériences : l'une avec une vitesse très supérieure, l'autre avec une vitesse à peu près la même, mais avec un engrainage plus faible.

Deuxième expérience.—La vitesse plus grande a été obtenue avec une roue de manége que M. Lotz avait faite pour cette expérience même, et qui porte 72 dents au lieu de 53 que porte la première. Le nombre de tours du batteur pour un du manége se trouve ainsi porté à 544. Mais le travail des chevaux était devenu énorme : il en eût fallu quatre. On a fait une première fois 11 tours de manége en cinq minutes, et une deuxième fois, 5 tours en 2 minutes 1/2. Cela donne moyennement 1,160 tours du batteur par minute et 1,825 mètres de vitesse à la circonférence. Malgré cette effrayante vitesse, la machine n'a éprouvé aucun ébranlement. Mais reste à savoir si un pareil travail pourrait se continuer sans rupture. Le nombre de gerbes pressées dans la machine a été de 18, ce qui ferait 1,800 gerbes de 10 kilogr. par journée de 10 heures. Les grains alucités étaient brisés. Tous ceux que la sous-commission a ouverts ne contenaient que des chenilles mortes, écrasées.

Troisième expérience. — La première roue du manége a été replacée et M. Lotz a été invité à ne faire passer qu'une quantité de blé calculée de manière à ne donner aux chevaux qu'un travail modéré; le but de la Commission étant surtout d'éviter que les chenilles fussent garanties par l'excessive quantité de paille. L'expérience a duré 26 minutes, pendant lesquelles 32 gerbes ont été passées, ce qui correspond à 925 gerbes de 10 kilogr. par journée de 10 heures. Le nombre des tours de manége a été de 64; la vitesse a donc été de 984 tours par minute, et de 1,545 mètres à la circonférence du batteur. L'expérience s'est faite avec la plus grande régularité. Les chevaux (deux) n'ont pas paru fatigués. Les grains qui ont été ouverts n'ont présenté que des chenilles mortes. Les grains que chaque expérience a fournis ont été recueillis par les soins de M. Poisson. M. Doyère en a conservé des échantillons. Ces blés seront envoyés à Bourges, à la Commission, dans des sacs étiquetés que M. Poisson a bien voulu prêter à cet effet.

Les Membres de la Commission ayant été rappelés à Vierzon par l'heure du convoi de Paris à Bourges, M. Poisson a fait mettre à leur disposition les moyens de transport qui les avaient amenés à Aubussay, le matin. M. Doyère a pris sa direction sur Paris.

Expédition des présentes sera adressée à M. le Préfet.

Séance du 30 avril 1853.

La Commission, convoquée par M. de Bengy-Puyvallée, son Président, s'est réunie au lieu ordinaire de ses séances. Étaient présents: MM. DE BENGY-PUYVALLÉE, FABRE, PENEAU,

D'Haranguier de Quincerot, Bourdaloue, de La Mardière, Poisson, et Jarre, *secrétaire*.

M. Doyère assiste la Commission.

M. le Secrétaire fait lecture du procès-verbal de la dernière séance; il est adopté.

La machine à battre de M. Lotz, mécanicien à Nantes, expérimentée le 18 du mois, à la ferme-école d'Aubussay, est arrivée à Bourges à l'adresse de M. le Président; elle est placée dans l'enceinte de la halle.

En vue de conserver les pailles sans être hachées, sans diminuer l'action du batteur de la machine sur les grains, on pourrait en arrondir les lames et les rendre plus contondantes. Cet amendement au batteur donnerait à la machine une utilité qui lui manquerait sans cela.

M. le Président veut bien se charger d'en écrire, dans ce sens, à M. Lotz et de lui proposer de laisser sa machine à Bourges jusqu'à la récolte prochaine.

L'appareil à la chaleur est préparé, mais on ne peut pas s'en servir en ce moment pour des expériences sérieuses, attendu qu'il faut en régler la marche par des essais provisoires. Ceux-ci vont avoir lieu immédiatement. Les expériences sérieuses se feront le 9 mai, mois courant.

La Commission décide que des échantillons de blé passé à la chaleur seront semés dans un terrain qu'elle va faire chercher aux environs de la ville; et, dans une partie de ce terrain, seront également semés des échantillons du même blé non passé à la chaleur. Ces expériences, dans la terre, démontreront si la germination du blé est ou non altérée par le chauffage. On ne peut pas espérer, à cette époque de l'année, que ces semences donneront des épis à récolter en maturité. Mais leur sortie de terre et leur croissance en herbe seront une grande preuve de la vérité.

La discussion s'établit ensuite sur l'utilité d'expérimenter aussi la panification du blé chauffé. La Commission attache de l'importance à bien vérifier les expériences déjà faites à Soupize, à savoir si elles seront justifiées par celles qui auront lieu à Bourges. Des échantillons de blé normal, et du même blé chauffé seront convertis en farine séparément. La boulangerie en fera du pain, aussi séparément. Les mêmes soins seront apportés par elle à la manutention de l'un et de l'autre.

MM. les Membres présents de la Commission se transportent place Berry, où on a construit l'appareil à la chaleur. MM. Doyère, Bourdaloue, et Beaujouan, constructeur, en expliquent le mécanisme. Cet appareil servira à la destruction de l'alucite, à l'assainissement des blés par dessication. On pourra, à l'aide des effets de l'étuve, former des réserves. L'ensilage pourra être pratiqué en toute sécurité, si ce mode de conservation est rendu facile, ce que M. Doyère fait espérer positivement.

On procède à l'introduction d'un hectolitre de blé dans le cylindre placé dans l'étuve, où la chaleur est montée à plus de cent degrés ; aussitôt elle descend à 60 environ. Quelques légers changements dans l'assemblage des dispositions qui mettent le cylindre en mouvement, donnent l'espoir que l'opération sera complète le 9 mai.

Expédition des présentes sera transmise à M. le Préfet.

Séance du 9 mai 1853.

La Commission, assistée de M. Doyère, s'est réunie au lieu ordinaire de ses séances, d'après une convocation individuelle de M. le Président.

Sont présents : MM. DE BENGY-PUYVALLÉE, *président*; BOSQ, TURIN, FABRE, D'HARANGUIER DE QUINCEROT, PENEAU, POISSON, et JARRE, *secrétaire.*

M. le Préfet est au sein de la Commission. Il annonce que M. le Ministre de l'Intérieur, de l'Agriculture et du Commerce a ordonnancé une nouvelle somme de 1,000 fr., applicable aux expériences pour la destruction de l'alucite. Cette sollicitude dont M. le Préfet environne les travaux de la Commission est vivement sentie par elle.

M. le Président lit une minute de lettre qu'il a écrite, le 1er mai, à M. Lotz, fils aîné, mécanicien à Nantes, demandant l'autorisation d'arrondir les lames du batteur de sa machine, afin d'en rendre l'action plus avantageuse aux usages du pays, demandant encore que cette machine à battre les

grains reste déposée à Bourges jusqu'après la récolte prochaine.

Dans sa réponse à M. le Président, du 6 mai, M. Lotz consent que la Commission fasse arrondir les lames du batteur,
si elle pense arriver par là à un résultat plus convenable pour
les pailles du pays; il consent encore au séjour de sa machine
à Bourges, pour qu'il en soit fait de nouveaux essais, après
la récolte prochaine. Le prix de sa machine en fer, prête à
fonctionner, est de 990 fr. Il en établit en bois à grande vitesse aussi, pouvant battre 140 hectolitres par jour, qu'il vend
790 fr. Ces prix sont réductibles de 150 fr. pour ceux qui ne
prennent pas le chariot servant au transport.

La Commission s'occupe ensuite de l'appareil à la chaleur;
M. Doyère, qui préside à l'accord de ses dispositions, fait
prier la Commission de fixer à 5 heures le commencement des
expériences. M. le Préfet annonce qu'il en sera témoin, et
quitte la séance.

A l'heure indiquée, M. le Préfet et la Commission toute
entière entourent l'appareil. D'une trémie, placée au-dessus,
le blé alucité descend dans le cylindre par l'effet d'un mouvement de rotation. Un seul homme tourne, sans peine, une manivelle attenante au cylindre. A 3 heures 50 minutes, le thermomètre centigrade placé dans le blé, à sa sortie du cylindre,
a marqué de 58 degrés 1/2 centigrades à 61; de 4 heures 1/4
à 5 heures 13 minutes, il a marqué de 55 à 66 degrés cent.;
de 5 heures 20 minutes à 5 heures 55, il a marqué de 55 à 61
degrés. L'expérience n'a pas été faite d'une manière continue;
Il y a eu plusieurs intermittences, parce qu'on était obligé d'arrêter le mouvement du cylindre, pour empêcher la chaleur de
descendre au-dessous des degrés où on n'aurait pas été certain
de la destruction de l'alucite. Quand la maçonnerie de l'étuve
sera sèche la chaleur sera moins variable, plus facile à régler; et, en calculant ce qu'en emporte la quantité de grain
qui entre dans l'étuve, on arrivera à une simple variation de
3 ou 4 degrés. Comme le blé est suffisamment chauffé entre
53 et 66 degrés, sans l'être trop, l'opération sera des plus
satisfaisantes. La Commission a constaté, à plusieurs reprises,
qu'il fallait 5 minutes pour passer un double décalitre; ce qui
fait 15 minutes pour un hectolitre, ou 48 hectolitres pour
une journée de 12 heures de travail. Ce résultat est déjà très

satisfaisant, mais il est loin d'atteindre ce qu'il est permis d'en espérer ; cet appareil étant encore humide et très difficile à chauffer, et le tirage de la cheminée laissant beaucoup à désirer. Pour faire fonctionner un appareil réglé, deux hommes suffisent : l'un à la manivelle, l'autre à recevoir le blé sortant du cylindre et à entretenir la chaleur.

M. Turquet, propriétaire d'un champ aux environs de Bourges, consent que la Commission fasse semer dans ce champ une mesure de blé qui vient d'être passé à la chaleur. A côté, et bien distinctement, elle fera semer, sur une autre partie du champ, une égale mesure du même blé alucité et non passé à la chaleur. On s'assurera ainsi, comme on l'a déjà fait ailleurs, que la germination du blé passé n'est point atteinte par 66 degrés de chaleur (on pourrait aller jusqu'à 70 sans dommage). La comparaison se fera, seulement pour cette année, sur les produits en herbes, attendu que les semailles de blé d'automne, faites en cette saison, ne peuvent arriver à maturité pour l'époque ordinaire des récoltes.

Deux hectolitres de blé chauffé, et un hectolitre du même, non chauffé, seront convertis en farine séparément. Des pesées seront faites de l'un et de l'autre, avant de les livrer au moulin. La farine qui en proviendra sera également pesée et distinctement. On observera les mêmes précautions pour le son. Le pain des deux farines sera fait dans les mêmes conditions. La comparaison des deux sortes de pain décidera s'il y a similitude entre eux, ou s'il y a avantage en faveur de l'un ou de l'autre.

Enfin la Commission a fait mettre en réserve du blé chauffé et du blé non chauffé. Elle s'assurera de la présence ou de l'absence de l'alucite dans ces réserves.

―――――――

Séance du 4 juin.

Le 4 juin 1853, la Commission convoquée individuellement par M. le Président se réunit, à midi, au lieu ordinaire de ses séances.

Sont présents : MM. DE BENGY-PUYVALLÉE, *président ;* Jules

Lainé, Péneau, de La Mardière, d'Haranguier de Quincerot, et Jarre, *secrétaire*.

M. le Président fait part de la correspondance qu'il a entretenue avec M. Doyère, depuis la dernière séance, sur les préparatifs de la panification du blé chauffé et sur celle du blé normal, pour arriver à une juste comparaison des deux sortes de blés.

Cette panification devait avoir lieu dans la matinée de ce jour ; mais la boulangerie n'a pas pu s'en occuper.

La Commission examine l'époque la plus propice à cette intéressante opération et à une nouvelle réunion de ses Membres. Elle fixe sa prochaine séance au 18 juin.

D'accord avec M. Tulard, boulanger à Bourges, le pain d'essai sera fait dans la matinée du même jour. M. Péneau, Membre de la Commission, assistera à cette manipulation, et il voudra bien en faire son rapport.

M. Doyère ayant manifesté l'intention d'être présent à ces épreuves, M. le Président se charge de lui en donner avis.

Tous les Membres de la Commission savent qu'ils peuvent y assister.

Après de judicieuses observations de plusieurs Membres sur des succès de plusieurs appareils expérimentés, succès rapportés dans les précédents procès-verbaux, on propose la nomination d'un rapporteur, tout au moins dans la prochaine séance.

M. le Président annonce qu'il consentira à se charger de cette mission.

La Commission s'ajourne au 18 juin.

Séance du 18 juin 1853.

D'après une convocation individuelle de M. le Président, la Commission est réunie au lieu ordinaire de ses séances.

Sont présents : MM. de Bengy-Puyvallée, *président* ; d'Haranguier de Quincerot, Fabre, Poisson, Péneau, Jules Lainé, de La Mardière, et Jarre, *secrétaire*.

La séance étant ouverte, M. le Secrétaire fait lecture des procès-verbaux des 9 mai et 4 juin. Ils sont adoptés.

M. le Président dépose sur le bureau trois bocaux en verre contenant du blé alucité, provenant de celui acheté par la Commission pour servir à ses expériences. Dans deux sont des échantillons de blé passé dans le tue-teignes; dans l'autre est du même blé, mais non passé dans cet appareil. Les trois bocaux sont semblables et recouverts d'une gaze en fil.

La Commission les examine avec soin : elle reconnaît que le blé passé dans le tue-teignes est dans le même état où il était en entrant dans les bocaux, c'est-à-dire sans trace d'alucite. Elle voit dans le bocal du blé normal des papillons qui voltigent à sa surface. Si on imprime au vase un mouvement de rotation, elle voit encore des papillons qui s'échappent du blé. Elle se reporte par la pensée à ses expériences, soit du tue-teignes, soit de la machine à battre, et elle est convaincue que la question est tranchée par l'effet du choc, du tue-teignes. Les blés alucités, lancés par cet appareil, sont purgés de l'insecte. M. Doyère annonce qu'il a fait la même expérience et dans les mêmes conditions. Il met sous les yeux de la Commission trois bocaux, dont deux contiennent du blé passé dans le tue-teignes et ne présente aucun papillon, tandis que dans le bocal contenant le blé normal on trouve une très grande quantité de papillons qui voltigent et garnissent les parois du vase. L'expérience est définitive.

M. Doyère en reçoit toutes les félicitations de la Commission.

Aujourd'hui, a eu lieu une confection de pain dans la boulangerie de M. Tulard, à Bourges, avec de la farine de blé alucité, passé à la chaleur dans une étuve construite par la Commission, sous la direction de M. Doyère. Ce fonctionnaire et M. Péneau, Membre délégué de la Commission, étaient chez M. Tulard dès deux heures du matin pour être témoins de la panification. Cette opération s'est faite sous les yeux de M. Tulard et par lui-même. Il a été parfaitement reconnu que le travail de manipulation des deux pâtes était absolument le même, qu'elles se comportaient de même et qu'elles offraient entièrement le même liant, le même aspect et la même consistance. On opérait en même temps sur de la farine du même blé non passé à la chaleur.

La farine du blé chauffé, 31 kilogr. 250 grammes, a donné 50 kilogr. 500 grammes de pâte ; en pain 43 kilogr. 09 gram.

bien réussi. Celle du même blé non chauffé , 29 kilogr. 500 gr.
a donné 48 kilogr. 600 gram. en pain 40 kil. 50 gr., également bien réussi. Ainsi , 1 kilogr. de farine de blé chauffé a donné 1 kilogr. 376 gr. de pain, et 1 kilogr. de farine de blé normal, a donné 1 kilog. 373 grammes de pain.

Un Membre fait observer que la même opération faite à Soupize, en 1850, offrit une différence plus sensible entre les deux sortes de pain. Mais M. Doyère fait remarquer qu'à Soupize le blé chauffé fut moulu presque immédiatement après le chauffage et que le pain fut fait de suite. La farine du blé chauffé dut absorber plus d'eau et donner plus de poids.

La Commission examine, compare les pains faits avec les deux farines : plusieurs Membres en goûtent. Ces pains ont la même saveur ; celui du blé chauffé a plus d'yeux que l'autre. Un échantillon de chaque sorte sera adressé à M. le Préfet, ainsi qu'à M. Bosq, Membre de la Commission , qui n'est pas présent. Le surplus sera offert aux petites sœurs des pauvres.

Le reste de la farine, non employé, et celui du blé non moulu et non semé, seront cédés à M. Tulard. La Commission se plaît à apprécier la bonne volonté, la complaisance de ce maître boulanger : il a donné les mêmes soins aux deux espèces de pains ; il a opéré, en cela , comme il le fait ordinairement dans son commerce.

Le chauffage du blé alucité , réglé d'après la méthode de M. Doyère, la Commission le reconnaît , est un moyen puissant contre le fléau de l'alucite : la panification et la germination du blé n'en reçoivent aucune atteinte. Cette méthode, d'ailleurs, est susceptible de produire d'autres avantages.

M. le Président veutbien se charger de faire un rapport sur les travaux de la Commission , destiné à l'autorité supérieure.

Copie du présent procès-verbal , comme des précédents , sera adressée à M. le Préfet par les soins de M. le Président.

Séance du 2 juillet.

Dans sa séance du 18 juin la Commission s'était ajournée au 2 juillet, et M. de Bengy-Puyvallée, son président, l'ayant en outre convoquée, elle est réunie à midi, au lieu ordinaire de ses séances.

Sont présents : MM. DE BENGY-PUYVALLÉE, *président* ; FABRE, DE LA MARDIÈRE, D'HARANGUIER DE QUINCEROT, BOSQ, PÉNEAU, et JARRE, *secrétaire*.

M. Doyère, professeur de zoologie à l'ancien Institut national agronomique de Versailles, commissionné par M. le Ministre de l'intérieur, de l'agriculture et du commerce, pour assister la Commission, est aussi présent à la séance.

M. le Secrétaire fait lecture du procès-verbal du 18 juin ; il est adopté.

M. le Président donne ensuite lecture de son rapport. Il analyse les travaux de la Commission, les procès-verbaux de ses séances. Il fait ressortir avec force l'utilité de l'assistance de M. Doyère, en rendant un témoignage hautement approuvé du talent, du zèle, de l'assiduité, allant jusqu'au dévoûment, de ce professeur distingué. La Commission tout entière joint ses sentiments à ceux que vient d'exprimer M. le Rapporteur. La mission de M. Doyère, dit-elle, n'a pas été ordinaire : l'agriculture lui devra les moyens de lutter avec avantage contre un fléau qui ravage la contrée.

M. Doyère propose une nouvelle expérience, tendant à démontrer l'effet du chauffage sur l'humidité du blé. Il fait bien comprendre les avantages de la dessication des grains, de la faculté de les conserver assainis. La Commission se montre reconnaissante de cette proposition et en accepte l'épreuve. M. Bosq, Membre de la Commission, veut bien promettre son concours tout particulier à cette nouvelle expérience.

Le rapport de M. le Président est unanimement approuvé. Il sera présenté incessamment à M. le Préfet.

Copie des présentes lui sera également adressée.

BOURGES, IMP. ET LITH. DE JOLLET-SOUCHOIS.

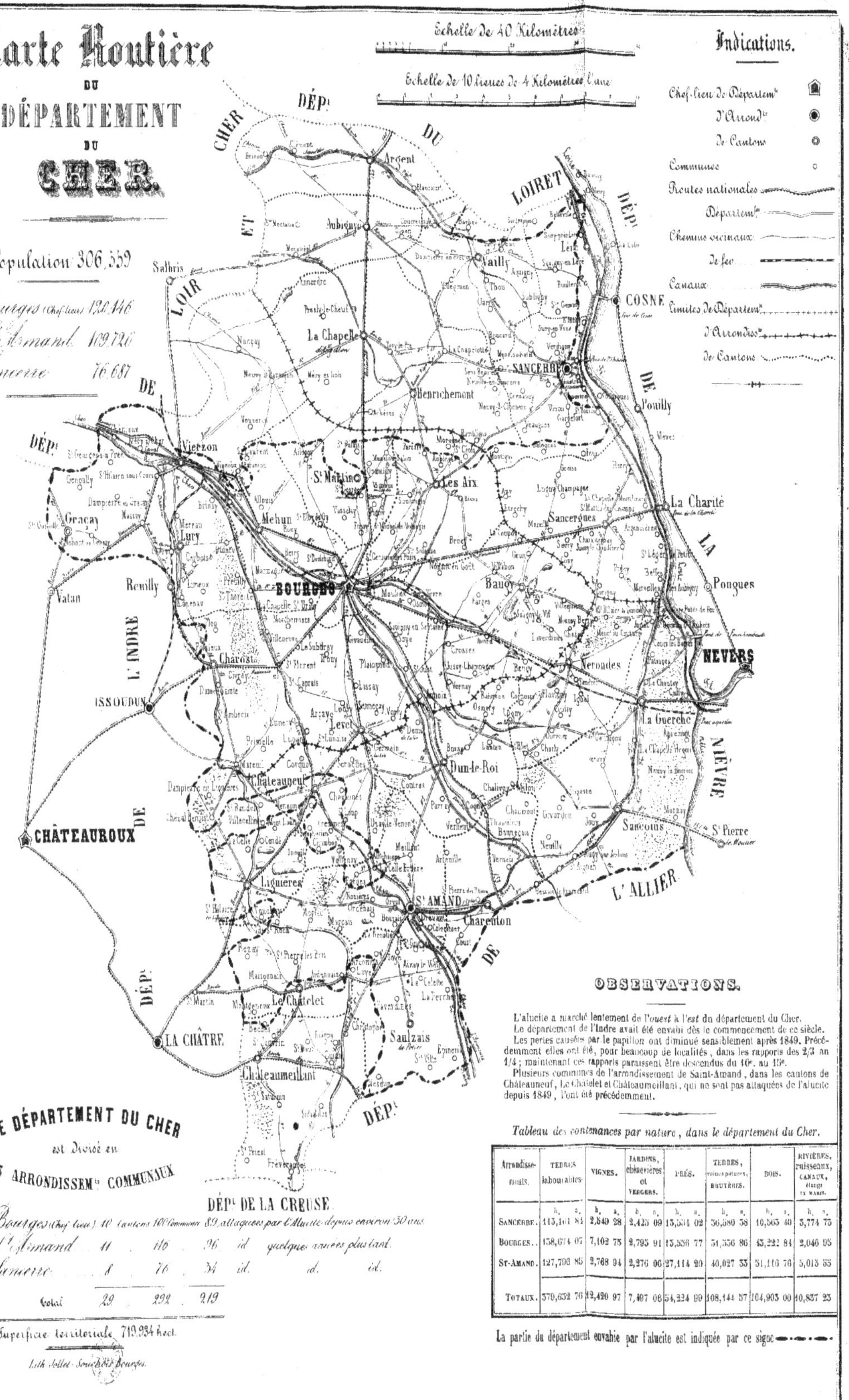

Tableau des contenances par nature, dans le département du Cher.

Arrondissements.	TERRES labourables.		VIGNES.		JARDINS, chènevières et VERGERS.		PRÉS.		TERRES, vaines pâtures, BRUYÈRES.		BOIS.		RIVIÈRES, ruisseaux, CANAUX, étangs et MARES.	
	h.	a.	h.	a.	h.	a.	h.	a.	h.	a.	h.	a.	h.	a.
SANCERRE.	113,101	84	2,849	28	2,425	09	13,584	02	36,680	58	10,565	40	3,774	73
BOURGES.	158,674	07	7,102	75	2,795	91	13,586	77	51,556	86	43,221	84	2,046	95
St-AMAND.	127,706	85	2,768	94	2,276	06	27,114	20	40,027	53	51,116	76	5,013	55
TOTAUX.	570,652	76	12,420	97	7,497	06	54,324	99	108,144	57	104,903	00	10,837	23

La partie du département envahie par l'alucite est indiquée par ce signe ━•━•━